Bibliografische Information der Deutschen Nationalbibliothek:

Die Deutsche Bibliothek verzeichnet diese Publikation in der Deutschen National-bibliografie; detaillierte bibliografische Daten sind im Internet über http://dnb.d-nb.de/ abrufbar.

Impressum:

Copyright © 2011 GRIN Verlag, Open Publishing GmbH
Druck und Bindung: Books on Demand GmbH, Norderstedt Germany
ISBN: 978-3-668-10204-0

Dieses Buch bei GRIN:

http://www.grin.com/de/e-book/311457/wie-vegetarisch-is-s-t-muenster-statistische-erhebung-zum-fleisch-und

Nina Schilling, Elena Maria Dornis

Wie vegetarisch is(s)t Münster? Statistische Erhebung zum Fleisch- und Wurstverzehr der Einwohner

GRIN Verlag

Fachhochschule Münster

Sozioökonomische Fragestellungen

Wintersemester 2010 / 2011

Wie vegetarisch is(s)t Münster?

-Projektarbeit-

Elena Maria Dornis   Nina Schilling

Inhaltsverzeichnis

Anhang

Fragebogen

Tabelle Altersgruppe Gesamt absolut
Tabelle Altersgruppe Gesamt in %

Tabelle Schulabschluss Gesamt absolut
Tabelle Schulabschluss Gesamt in %

Tabelle Altersgruppe Männer absolut
Tabelle Altersgruppe Männer in %

Tabelle Schulabschluss Männer absolut
Tabelle Schulabschluss Männer in %

Tabelle Altersgruppe Frauen absolut
Tabelle Altersgruppe Frauen in %

Tabelle Schulabschluss Frauen absolut
Tabelle Schulabschluss Frauen in %

Liste der nummerierten Fragebögen

Strichlisten der Auswertung

Wir haben auf Grund der besseren Lesbarkeit auf die gleichzeitige Nutzung männlicher und weiblicher Sprachformen verzichtet. Außer im Kapitel 3.2 und 3.3 beziehen sich die Personenbezeichnungen auf beide Geschlechter.

1. Einleitung

„'Wer sich vegetarisch ernährt, verringert seinen ökologischen Fußabdruck um rund eine Tonne CO_2 und spart 650.000 Liter Wasser pro Jahr. Er verbraucht weniger Land und entschärft das Welthungerproblem, weil weniger Nahrungsmittel an Tiere verfüttert werden'" (Zösch in Busse, 2010).

Dieses Zitat von Sebastian Zösch, Geschäftsführer des Vegetarierbundes Deutschland, verdeutlicht die aktuelle Diskussion in den Medien zum Thema Massentierhaltung und deren ökologische Folgen. Darüber hinaus wirft es die Frage auf was gesünder ist, regelmäßig Fleisch zu essen oder sich vegetarisch zu ernähren.

Einer der Hauptauslöser dieser Debatte war das Erscheinen des Buches „Tiere essen" („Eating animals") von Jonathan Safran Foer 2009. Darin beschreibt Foer die Situation der Fleischproduktion in Amerika, wo „99 Prozent der verspeisten Schweine, Vögel, und Kühe aus Agrarfabriken" (Nündel, 2010) stammen. Die Tiere leben dort auf kleinstem Raum, unter Qualen und für eine sehr kurze Lebensdauer. Auch in Deutschland gestaltet sich die Situation nicht besser. Hier stammen circa „98 Prozent aller Hühner und Schweine, die für den Verzehr bestimmt sind [...] aus Massentierhaltung" (Foer, 2010).

Die große Anzahl der Tiere die gehalten werden, erfordert eine enorme Menge an Futtermitteln, welche überwiegend aus Ländern importiert werden, in denen die Menschen selbst hungern.

Durch Anbau, Verwendung von Düngern, Verarbeitung und Transport dieser Futtermittel, durch Tiertransporte, Schlachtung und Weiterverarbeitung des Fleisches, aber auch durch die Tiere selbst, entstehen Unmengen an Methan, Kohlenstoffdioxid und Stickoxiden – Gase, welche hauptsächlich für den Klimawandel verantwortlich sind. Laut einer Studie des unabhängigen Washingtoner Worldwatch Institute ist die Massentierhaltung sogar für „über 50 Prozent der globalen Treibhausemissionen verantwortlich" (Allmaier, 2010). „Damit ist die Herstellung von einem Kilogramm Fleisch klimaschädlicher als eine 250km lange Autofahrt." (www.donnerstag-veggieday.de).

Doch wie gesund oder ungesund ist es sich vegetarisch zu ernähren?

Die American Dietetic Association „hält eine ‚vernünftig geplante' vegetarische oder vegane Kostform [sogar] für unbedenklich" (Busse, 2010). Auch Prof. Dr. Carola Strassner, Professorin für Ernährungsökologie an der Fachhochschule Münster, sieht eine durchdachte vegetarische und eine durch Fleischverzehr in Maßen geprägte Ernährungsform für unproblematisch. In beiden Fällen benötige man nur eine gewisse „'Ernährungskompetenz'" (Strassner in Busse, 2010). Eine rein vegane Ernährungsform hält sie allerdings ohne regelmäßige ärztliche Gesundheitskontrollen für bedenklicher.

Vegetarier leiden weniger an Übergewicht und Adipositas. Das kann nicht nur mit ihrer Ernährung, sondern ebenso mit ihrer generell gesünderen Lebensweise zusammenhängen (vgl. Keller 2010). Auch von anderen chronischen Krankheiten wie „Bluthochdruck, Herz-Kreislauf-Erkrankungen, Diabetes mellitus und Krebs" (www.donnerstag-veggieday.de) bleiben vegetarisch lebende Menschen häufiger verschont, da sie meist mehr Obst und Gemüse zu sich nehmen, als es Nicht-Vegetarier tun.

Eine Ursache von Übergewicht ist „der regelmäßige Verzehr von Lebensmitteln mit hoher Energiedichte" (Keller, 2010). Gemüse hingegen hat bei „einer hohen Nährstoffdichte eine geringe Energiedichte" (Keller, 2010). Außerdem enthält es viele Ballaststoffe und Polysaccharide, die zur längeren Sättigung beitragen.

Nährstoffe wie z.B. Eisen und Vitamin B_{12}, die man am besten über Fleisch zu sich nimmt, sind auch in pflanzlichen Lebensmitteln, wenn auch nicht in so großer Menge, vorhanden. Eisen befindet sich z.B. in Hülsenfrüchten und Vitamin B_{12} in fermentierten Lebensmitteln, wie Sauerkraut (vgl. Leitzmann / Hahn, 1998).

Wenn man nicht ganz auf Fleisch verzichtet, sondern nur einen Tag in der Woche kein Fleisch isst, kann man viel bewirken. „Würden die Amerikaner zum Beispiel auf nur eine einzige Fleischmahlzeit pro Woche verzichten [...] hätte das für die Umwelt den gleichen Effekt, wie wenn fünf Millionen Autos weniger unterwegs wären" (www.rp-online.de).

Auch aus gesundheitlichen Gründen sollte die verzehrte Fleischmenge pro Woche nicht mehr als 300-600g betragen (vgl. www.dge.de).

Vor dem Hintergrund dieser vielfältigen Erkenntnisse und Aussagen sind wir in unserer Hausarbeit der Frage nachgegangen: **„Wie vegetarisch is(s)t Münster?"**.

Dazu haben wir einen Fragebogen entwickelt, dessen Auswertung wir im Folgenden erläutern möchten.

2.   Methode

Mit Hilfe eines selbst entwickelten Fragebogens, haben wir eine mündliche Umfrage in der Innenstadt von Münster durchgeführt. Unsere Vorgabe war, circa 120-140 Menschen zu befragen und dabei auf ein ausgewogenes Geschlechterverhältnis zu achten. Der Zweck unserer Umfrage bestand darin, einen Eindruck über die Verzehrhäufigkeit von Fleisch und der Bereitschaft zur Einschränkung des Fleischkonsums der Menschen in Münster zu erhalten.

Zu den Zielpersonen gehörten Menschen ab 18 Jahren, welche in Münster wohnen.

Wir haben die Umfrage an verschiedenen Tagen zu verschiedenen Uhrzeiten durchgeführt, um eine möglichst repräsentative Zielpopulation aufweisen zu können. So hatte jedes Mitglied dieser Gruppe die gleiche Chance von uns befragt zu werden, sowohl Studenten, als auch Rentner, Erwerbstätige oder Hausfrauen, die sich zu den Zeitpunkten unserer Umfragen in der Innenstadt aufgehalten haben.

Bei der Auswahl der zu befragenden Personen sind wir nach dem Prinzip der Zufälligkeit vorgegangen. Dabei ist aber nicht auszuschließen, dass wir unbewusst nur freundlich aussehende Menschen, die nicht in Eile zu sein schienen, befragten.

Durch die Form der mündlichen „Face-to-Face" Befragung wurden einige mögliche Fehlerquellen bereits ausgeschlossen: So war es etwa den Befragten möglich Rückfragen zu stellen und wir konnten die notwendige Anzahl von Antworten sicherstellen.

Als mögliche Fehlerquelle von Seiten der Interviewer ist nicht eindeutig auszuschließen, dass wir unbewusst die Fragen umformuliert oder die Antworten der Befragten nicht korrekt auf den Fragebögen notiert haben.

Eine „massive Fehlerquelle" (www.lehrerfortbildung-bw.de) kann darin liegen, dass die Befragten sich gegenüber dem Interviewer möglichst positiv darstellen wollen, und so Antworten geben, die der Interviewer ihrer Meinung nach hören will; also nur das sozial Erwünschte. Zudem wird von den Befragten „[g]esellschaftlich sanktioniertes Verhalten" (www.lehrerfortbildung-bw.de) verschwiegen, weil dieses in der Regel negativ bewertet wird.

2.1   Der Fragebogen

Der Fragebogen besteht aus neun Fragen, die teilweise in   bis zu drei Teilfragen untergegliedert sind. Ausgenommen der Teilfrage 9b sind alle Fragen Multiple-Choice-Fragen, bei denen zum Teil Mehrfachnennungen möglich sind. Die Fragen 1 bis 6 beziehen sich auf den Fleischkonsum der Befragten. Bei ihrer Beantwortung hat der Befragte teilweise unter der Rubrik „Sonstiges" die Möglichkeit, vorgegebene Antworten durch eigene Anmerkungen zu ergänzen. Außerdem haben wir bei den Fragen 2b, 3a und 3b die Antwortmöglichkeit „Ja, und zwar…" benutzt, damit die Befragten selbst eigene Erfahrungen und Kenntnisse beitragen können.

Bei den Fragen 7 bis 9 handelt es sich um persönliche Fragen, deren Beantwortung der Freiwilligkeit unterlagen. Diese haben wir in unseren Fragebogen aufgenommen, um geschlechts-, alters-, schulabschluss- und berufsspezifische Auswertungen der Umfrage vornehmen zu können.

Bei der Erstellung des Fragebogens haben wir auf eine neutrale und objektive Gestaltung geachtet, um suggerierende Beeinflussungen zu vermeiden. Die Formulierungen sind so gewählt, dass sie von jedem Befragten ohne Hintergrund- oder Detailwissen beantwortet werden können.

Der Fragebogen ist im Anhang dieser Arbeit zu finden.

2.1.2   Erläuterung der einzelnen Fragen

Bei Frage 1a geht es um die Tatsache, ob der Befragte Fleisch und/oder Wurst isst oder als Vegetarier auf den Verzehr verzichtet. Hier sind Mehrfachnennungen möglich. Für Vegetarier sind die Fragen ab 4 erst wieder relevant, da sich die Fragen 1b bis 3b auf Fleisch- und/oder Wurstesser beziehen.

Fleisch ist „gemäß den in Deutschland geltenden Leitsätzen für Fleisch und Fleischerzeugnisse" (Rimbach / Möhring / Ebersdobler, 2010) der Oberbegriff für „„alle Teile von geschlachteten oder erlegten warmblütigen Tieren, die zum Genuss für den Menschen bestimmt sind'" (Rimbach / Möhring / Ebersdobler, 2010). Wir haben uns in unserem

Fragebogen allerdings auf die im Alltagsgebrauch übliche Definition von Fleisch als „mehr oder weniger fettes Skelettmuskelgewebe" (www.was-wir-essen.de) bezogen.

Mit Wurst und Wurstwaren meinen wir hauptsächlich Aufschnitt, d.h. Rohwürste, Kochwürste und Brühwürste, aber auch Bratwurst und Schinken, der laut Definition eigentlich zu Fleisch gehört.

Die Fragen 1b und 1c beziehen sich auf die Häufigkeit des Fleisch- und Wurstkonsums.

Die Angaben haben wir so gewählt, dass die Häufigkeiten möglichst einfach und realitätsnah sind.

In Frage 2a ist nach der am häufigsten verzehrten Fleischsorte gefragt. Die Auswahlmöglichkeiten „Schwein", „Geflügel" und „Rind" haben wir aufgrund einer Studie der Zentralen Markt- und Preisberichtsstelle (ZMP) über die am häufigsten verzehrten Fleischsorten aus dem Jahre 2007 (Rimbach / Möhring / Ebersdobler, 2010) getroffen. Diese Antworten haben wir durch die Möglichkeit „Sonstiges" ergänzt.

In Frage 2b fragen wir nach Fleischsorten, welche die Befragten gar nicht verzehren. Dafür haben wir die Möglichkeiten „Nein" für „Nein, es gibt keine Fleischsorten, die ich nicht verzehre" und „Ja, und zwar...", sodass man die Sorte, die man nicht verzehrt noch ergänzen kann.

In Frage 3a und 3b erkundigen wir uns danach, ob sich die Fleisch- und/oder Wurstesser generell vorstellen können, zukünftig weniger Fleisch und/oder Wurst zu essen. Bei der Einschränkung des Fleischverzehrs können die Befragten angeben, ob sie dies z.B. beim Mittagessen oder beim Frühstück oder zu bestimmten Anlässen umsetzen werden. Können sich die Teilnehmer nicht vorstellen, weniger Fleisch oder Wurst zu essen, brauchen sie die Fragen 4 bis 5 nicht beantworten. Auch diejenigen, die sich nur ausmalen können, weniger Wurst bzw. nur weniger Fleisch zu essen, brauchen auf die Fragen, die sich auf das jeweils andere beziehen, keine Auskunft geben.

Gründe für die Einschränkung bzw. den Verzicht haben wir in Frage 4 ermittelt. Hier waren wieder Mehrfachnennungen möglich. Vorgegeben haben wir „gesundheitliche", „finanzielle", „ethische", „religiöse", „geschmackliche" und „ökologische" Gründe. Diese konnten durch den Punkt „sonstiges" ergänzt werden.

Ein Beispiel für religiöse Gründe ist z.B. der Verzicht auf Schweinefleisch für Muslime.

Ethische Gründe für die Einschränkung oder den Verzicht sind, z.B. schlechte Haltungs- und Schlachtungsbedingungen, die die Massentierhaltung mit sich bringt.

Ökologische Gründe beziehen sich etwa auf den vermehrten Ausstoß von Methangasen, Kohlenstoffdioxid und Stickoxiden, der Einfluss auf die fortschreitende globale Erwärmung hat und den die Massentierhaltung ebenfalls mit sich bringt (vgl. Foer, 2010), aber auch auf den hohen Wasserverbrauch, der ebenfalls durch diese entsteht.

In den Fragen 5a und 5b informieren wir uns über den Ersatz für Fleisch und/oder Wurstwaren, deren Verbrauch eingeschränkt wird. Dabei haben wir uns bei Frage 5a auf die anderen Beilagen eines warmen Essens bzw. auf Fisch beschränkt. Ersatzprodukte wie z.B. Sojaprodukte haben wir bewusst nicht angegeben, da diese zu sehr an einen kompletten Fleischverzicht, wie ihn Vegetarier betreiben, erinnern. Kann man sich allerdings vorstellen, Fleisch durch solche Produkte zu ersetzen, darf man dies im Punkt „Sonstiges" angeben.

Bei Frage 5b haben wir die anderen Brotaufschnitte und -Aufstriche, wie „Käse", „süße Brotaufstriche", wie z.B. Marmelade, und „vegetarische Brotaufstriche", die nicht zu den ersten beiden Kategorien zählen, wie z.B. Kräuterquark, angegeben. Auch hier gibt es die Möglichkeit im Punkt „Sonstiges" diese Auswahlmöglichkeiten zu ergänzen.

Mehrfachnennungen waren in beiden Fragen möglich.

In Frage 6 wollen wir wissen, welche Einkaufsmöglichkeiten die Umfrageteilnehmer überwiegend zum Kauf von Fleisch- und/oder Wurstwaren nutzen.

Dabei haben wir uns auf Geschäfte als Antworten beschränkt. Dazu zählen Discounter und Supermärkte, in denen man Fleisch und Wurst abgepackt kaufen kann. Supermärkte, in denen man an der Theke einkauft, Bio-Supermärkte und Metzger. Andere Einkaufsmöglichkeiten, wie z.B. der Wochenmarkt konnten unter „Sonstiges" ergänzt werden. Als optische Trennung haben wir nach Frage 6 in unserem Fragebogen einen Strich gezogen, um die Fragen zum Thema Fleischkonsum von den Fragen zur Person deutlich abzugrenzen. In Frage 7 haben wir das Geschlecht des Teilnehmers notiert und in Frage 8 sein Alter. Die Altersstufen haben wir nach typischen Wechseln der Lebenssituation untergliedert, wie z.B. Beenden des Studiums mit ca. 25 Jahren, Familiengründung, Lebensmittelpunkt oder Rente mit ca. 65 Jahren. In Frage 9a ist nach dem Schul- oder Studienabschluss gefragt. Dabei haben wir sämtliche in Deutschland möglichen Schulabschlüsse und die Möglichkeit „Kein Abschluss" aufgelistet. Hierbei ist immer der höchste erreichte Abschluss anzugeben.

Frage 9b ist die einzige Frage, die keine Multiple-Choice-Frage ist. Dort können die Befragten den Beruf, welchen sie ausüben oder ausgeübt haben, angeben.

2.2 Statistik

Der Fragebogen wurde mit Microsoft Word 2007 erstellt. Die Auswertung haben wir mit Microsoft Excel 2007 und 2010 vorgenommen. Die Hausarbeit haben wir mit Microsoft Word 2010 verfasst.

Die einzelnen Fragebögen haben wir nummeriert und die Antworten in verschiedene Strichlisten eingetragen. Außerdem haben wir auf einer Liste zu jeder Nummer der Fragebögen die Altersgruppe, den Schulabschluss und eventuelle Besonderheiten des Befragten notiert, um bei Unklarheiten während der Auswertung einen besseren Überblick zu bewahren.

Zur Verdeutlichung und eindeutigen Kontrollmöglichkeit haben wir für jedes Geschlecht drei Strichlisten geführt. Darüber hinaus haben wir drei Listen erstellt, eine allgemeine, eine nach Alter und eine nach Schulabschlüssen differenzierte. Die Striche haben wir in den unterschiedlichen Spalten mit verschiedenen Farben kenntlich gemacht. So konnten wir ein Verrutschen beim Zählen in den einzelnen Spalten vermeiden. Durch das Anlegen von mehreren Listen erhöhten wir die Sicherheit verwertbare Ergebnisse zu erhalten.

(Listen siehe Anhang)

3.   Ergebnis

Wir haben 125 Personen befragt, davon 70 Frauen und 55 Männer. 43 Befragte sind zwischen 18 und 25 Jahren, 23 zwischen 26 und 35 Jahren, ebenfalls 23 zwischen 36 und 50 Jahren, 29 zwischen 51 und 65 Jahren und 7 älter als 65 Jahre. 13 Befragte besitzen den Haupt-/Volksschulabschluss, 25 die Fachoberschulreife, 12 die Fachhochschulreife, 46 die Allgemeine Hochschulreife und 27 einen (Fach-) Hochschulabschluss. Zwei Teilnehmer haben keine Angabe zu ihrem Schulabschluss gemacht.

Die Angabe zu den Berufen der Befragten haben wir bei der Auswertung nicht mehr beachtet, da uns diese nicht aussagekräftig genug erschienen. (vgl. 4.1.1.) Im Folgenden möchten wir die interessantesten und bedeutendsten Ergebnisse der Umfrage präsentieren, die wir in gerundeten Prozentwerten angeben.

Um den Text für den Leser verständlicher zu gestalten, fassen wir die Bezeichnung „Wurst- und Wurstwaren" in dem Wort Wurst zusammen. Wenn die Rede von der Einschränkung des Fleischkonsums ist, schließt dies den Fleisch- und Wurstverzicht der Vegetarier mit ein.

Die einzelnen Tabellen mit absoluten Zahlen und Prozentwerten sind im Anhang zu finden.

3.1   Gesamtstatistik

Von den 125 befragten Personen gaben 95% (119) an Fleisch zu essen, 92% (115) verzehren Wurst und 4% (5) der von uns befragten Personen gehören zur Gruppe der Vegetarier.

6% (7 von 119) gaben an 1-3mal im Monat Fleisch zu essen, 40% (48 von 119) 1-2mal pro Woche, 24% (29 von jeden 119) jeden 2. Tag und 29% (35 von 119) bestätigten, dass sie täglich oder fast täglich Fleisch zu sich nehmen.

Bei der Häufigkeit des Wurstverzehrs war die Verteilung etwas anders. So erklärten 15% (17 von 115) 1-3mal im Monat Wurst zu verzehren, 24% (28 von 115) 1-2mal pro Woche, 21% (24 von 115) jeden 2. Tag und 40% (46 von 115) bekundeten, täglich oder fast täglich Wurst zu essen.

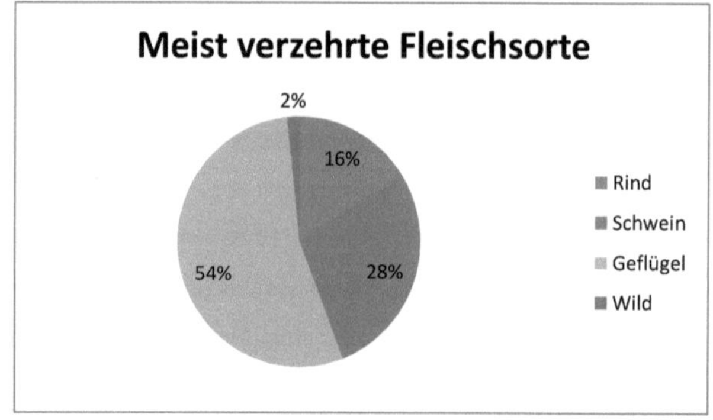

Die am häufigsten verzehrte Fleischsorte ist Geflügel mit 54% (65 von 120), gefolgt vom Schwein mit 28% (34 von 120) und danach vom Rind mit 16% (19 von 120). Da zwei Personen erwähnten, am häufigsten Wild zu essen, haben wir dies mit in unsere Auswertung aufgenommen. Damit wird Wild von knapp 2% der Befragten am häufigsten verzehrt.

61% der befragten Fleischkonsumenten (72 von 119) könnten sich vorstellen, ihren Fleischkonsum einzuschränken. Bei den Wurstkonsumenten wären 57% (66 von 115) dazu bereit ihren Verzehr zu reduzieren.

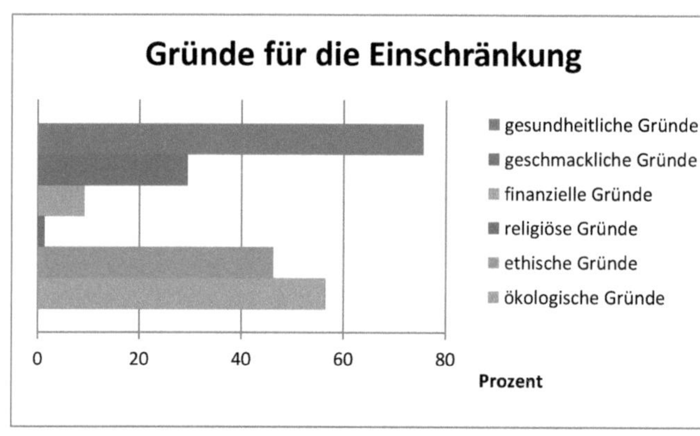

Als Hauptantrieb für eine mögliche Reduzierung gaben 76% (59 von 78) der Befragten an, aus gesundheitlichen Überlegungen den Konsum einschränken oder gänzlich auf Fleisch verzichten zu wollen. Am zweithäufigsten wurden von 56% (44 von 78) ökologische Argumente in Betracht gezogen. Darauf folgten ethische Gründe mit 46% (36 von 78) und geschmackliche mit 30% (23 von 78). Am wenigsten relevant waren für die Befragten mit 9% (7 von 78) finanzielle und mit 1% (1 von 78) religiöse Erklärungen.

Bei der Wahl des Fleischersatzes entschieden sich 77% (59 von 77) dafür, Gemüse statt Fleisch zu essen. 64% (49 von 77) wollen Fleisch durch Fisch ersetzen und 40% (31 von 77) wählten mehr Sättigungsbeilagen. Da 13% der Befragten (10 von 77), welche den Fleischkonsum einschränken wollen, unseren Punkt „Sonstiges, und zwar…" durch vegetarische Ersatzprodukte, wie Tofu oder ähnliches, ergänzt haben, haben wir diesen in unsere Auswertung mit einbezogen.

Die Befragten, die ihren Wurstkonsum verringern wollen, haben zu 85% (60 von 71) angegeben Wurst durch Käse zu ersetzen. 47% (33 von 71) würden durch süße Brotaufstrichen ausgleichen und 31% (22 von 71) Wurst durch vegetarische Brotaufstriche ersetzen.

38% (46 von 120) der befragten Fleisch- und Wurstesser kaufen überwiegend abgepackte Fleischprodukte im Discounter oder Supermarkt ein. 29% (35 von 120) erwerben diese im Supermarkt an der Theke, 18% (21 von 120) beim Metzger und 6% (7 von 120) im Bio-Supermarkt. Als Ergänzungen zu unseren Antwortmöglichkeiten gaben 6% (7 von 120) der Befragten an ihr Fleisch überwiegend beim Bauern direkt zu kaufen und 3% (4 von 120) besorgen es sich auf dem Wochenmarkt.

3.1.1. Gesamtstatistik nach Alter unterteilt

Die Gesamtstatistik nach Alter unterteilt lässt einige interessante Aspekte erkennen.

65% (42 von 63) der jüngeren Gruppe von 18-35 Jahren verzehrt am häufigsten Geflügelfleisch. Die älteren Befragten von 36 bis über 65 teilen diese Meinung nur noch zu 41% (23 von 56).

Je älter die Befragten waren, desto eher zeigten sie Bereitschaft ihren Fleischkonsum einschränken zu wollen. So würden ihn von den 18-25jährigen nur 50% (20 von 40) verringern, von den 26-35jährigen schon 57% (13 von 23), von den 36-50jährigen 68% (15 von 2 2) und von den 51-65jährigen 74% (20 von 27). Die Gruppe der über 65jährigen ist mit nur 7 Befragten unterrepräsentiert und wird daher an dieser Stelle von uns vernachlässigt.

Bei der Frage nach der Bereitschaft den Wurstkonsum zu minimieren verhielt es sich ähnlich. So wären 46% (18 von 39) der 18-25jährigen, 55% (12 von 22) der 26-35jährigen, 64% (14 von 22) der 36-50jährigen und 73% (19 von 26) der 51-65jährigen zu diesem veränderten Verhalten bereit. Auch hier vernachlässigen wir die Gruppe der über 65jährigen.

Aus gesundheitlichen Erwägungen wollten 59% (13 von 21) der 18-25jährigen ihren Fleischkonsum reduzieren. Alle älteren Gruppen von 26 bis über 65 Jahren nannten diese Gründe insgesamt zu 84% (46 von 55). Nach einzelnen Gruppen betrachtet, wählten 91%

(20 von 22) der 51-65jährigen und 100% (4 von 4) der über 65jährigen gesundheitliche Erklärungen.

Ökologische und ethische Gründe wurden von allen Altersgruppen häufig angegeben, wobei ökologische prozentual überwogen.

Die jüngere Gruppe von 18-35 Jahren bevorzugt zu 56% (36 von 64) das abgepackte Fleisch aus dem Discounter, während die ältere Gruppe von 36-50 Jahren zu 33% (16 von 49) eher das Fleisch vom Metzger kaufte. Erwähnenswert ist außerdem, dass 22% (6 von 27) der 51-65jährigen ihr Fleisch überwiegend direkt beim Bauern erwerben.

3.1.2   Gesamtstatistik nach Schulabschlüssen unterteilt

Die Gruppe der befragten Personen, die keine Angabe zu ihrem Schulabschluss gemacht haben, greifen wir hier nicht auf, da sie nur aus zwei Personen besteht.

Die Umfrageteilnehmer mit Haupt- oder Volksschulabschluss verzehren zu 54% (7 von 13) täglich oder fast täglich Fleisch. 40% (10 von 25) der Personen mit Fachoberschulreife, nehmen 1-2mal pro Woche Fleisch zu sich. Mit 36% (9 von 25) isst ein weiterer Großteil derselben Gruppe täglich oder fast täglich Fleisch. Ebenfalls täglich oder fast täglich verspeisen es 45% (5 von 11) der Fachhochschulabsolventen.

Dann gibt es einen Schnitt in der Statistik, denn die Befragten mit Allgemeiner Hochschulreife verzehren nur noch zu 23% (10 von 44) täglich oder fast täglich Fleisch. In dieser Kategorie isst die Mehrzahl, das heißt 43% (19 von 44), 1-2mal pro Woche Fleisch.

Ähnlich ist es bei den Personen mit (Fach-) Hochschulabschluss. Von diesen verspeisen 48% (12 von 25) 1-2mal in der Woche Fleisch und nur 16% (4 von 25) gaben an täglich oder fast täglich Fleisch zu essen.

Bei der Frage nach der Häufigkeit des Wurstkonsums verhielt es sich ähnlich, denn 69% (9 von 13) der Haupt-/Volksschulabsolventen taten kund täglich oder fast täglich Wurst zu essen. Von den Personen mit Fachoberschulreife essen 50% (12 von 25) täglich oder fast täglich Wurst, von den Fachhochschulabsolventen 73% (8 von 11) und von den Abiturienten 28% (12 von 43). 35% (8 von 23) der Befragten mit Hochschulabschluss wiesen darauf hin 1-2mal pro Woche Wurst- und Wurstwaren zu sich zu nehmen.

Die Mehrzahl aller Schulabschlussgruppen erklärte am häufigsten Geflügelfleisch zu verzehren. Nur in der Gruppe der Haupt-/Volksschulabgänger wurde am häufigsten der Genuss von Schweinefleisch angegeben (38%, 5 von 13).

Die Gruppe mit der größten Bereitschaft den Fleischkonsum einzuschränken war die der Hochschulabsolventen. Insgesamt 84% (21 von 25) wären dazu bereit. Ähnlich war es bei der Einschränkung des Wurstkonsums. Auch hier bekundeten 83% der Hochschulabsolventen (19 von 23) sich vorstellen zu können den Wurstkonsum zu verringern.

Die Befragten aller Gruppen nannten als Grund für ihre Bereitschaft den Fleischkonsum zu reduzieren häufig ihre Gesundheit. Sehr oft wurden auch ethische und ökologische Gründe aufgezeigt. In der Gruppe der Abiturienten sind ökologische Gründe mit 74% (20 von 27) der Spitzenreiter, gefolgt von ethischen Motiven mit 63% (17 von 27) und gesundheitlichen mit 59% (16 von 27).

Erwähnenswert bei der Wahl des Ersatzes für Fleisch und Wurst der Befragten ist, dass die ergänzte Antwortmöglichkeit „Ersatzprodukte" (Tofu u.Ä.) von Personen angegeben wurden, die einen höheren Bildungsabschluss haben (1 Person mit FOR, 6 Personen mit Abitur, 3 mit Hochschulabschluss).

3.2   Männer

Von den 55 befragten Männern bekundeten 53 Fleisch zu essen, 52 essen Wurst und 2 gehören zur Gruppe der Vegetarier.

49% (26 von 55) gaben an täglich oder fast täglich Fleisch zu verzehren. 23% (12 von 55) nehmen es jeden 2. Tag zu sich, 26% (14 von 53) 1-2mal pro Woche und nur ein befragter Mann isst 1-3mal im Monat Fleisch.

Ähnliche Ergebnisse sind bei der Verzehrhäufigkeit von Wurst zu finden. 56% (29 von 52) der Befragten verspeisen täglich oder fast täglich Wurst, 15% (8 von 52) jeden 2. Tag, 23% (12 von 52) 1-2mal pro Woche und 6% (3 von 52) 1-3mal im Monat.

55% (29 von 53) der befragten Männer ernähren sich am häufigsten von Geflügel.

57% (30 von 53) ziehen in Erwägung ihren Fleischkonsum, 50% (26 von 52) ihren Wurstkonsum zu reduzieren.

Dabei gaben 72% (23 von 32) gesundheitliche, 50% (16 von 32) ökologische, 47% (15 von 32) ethische, 28% (9 von 32) geschmackliche, 9% (3 von 32) finanzielle und 3% (1 von 32) religiöse Beweggründe an.

Die meisten der befragten Männer, das heißt 40% (21 von 53), kaufen Fleisch überwiegend abgepackt im Supermarkt oder Discounter. 32% (17 von 53) lassen sich meist an der Theke im Supermarkt bedienen und 21% (11 von 53) gehen zum Metzger. Jeweils 4% (2 von 53) erstehen Fleisch überwiegend im Bio-Supermarkt oder beim Bauern.

3.2.1 Männer nach Alter unterteilt

Auf die Gruppe der über 65jährigen werden wir in diesem Kapitel nicht detaillierter eingehen, da sie mit drei Befragten unterrepräsentativ ist.

Wenn man die Häufigkeit des Fleischverzehrs der befragten Männer betrachtet, stellt man fest, dass die jüngere Altersgruppe von 18-25 Jahren zu 63% (10 von 16) täglich oder fast täglich Fleisch zu sich nimmt. Bei den 26-35jährigen sind es 58% (7 von 12) und sowohl bei den 36-50jährigen als auch bei den 51-65jährigen handeln es sich um 33% (4 von 12).

Bei der Häufigkeit des Wurstkonsums ist die Verteilung etwas anders. 75% (9 von 12) der 36-50jährigen erwähnten, täglich oder fast täglich Wurst- und Wurstprodukte zu essen. Bei den 51-65jährigen sind es 60% (6 von 10), bei den 26-35jährigen 55% (6 von 11) und bei den 18-25jährigen 38% (6 von 16).

In jeder der Altersgruppen hat die Mehrzahl der Befragten angegeben am häufigsten Geflügelfleisch zu essen. Die Ausnahme bildet die Gruppe der 36-50jährigen, deren Mehrzahl an Befragten, das heißt 50% (6 von 12), bekundeten am häufigsten Rindfleisch zu essen.

In allen Alterskategorien waren entweder mehr oder genauso viele Befragte bereit, ihren Fleisch- und Wurstkonsum zu reduzieren, wie die, die ihn nicht zurückfahren wollen. Nur in der Gruppe der 26-35jährigen zeigte die Mehrzahl der Befragten, das heißt 58% (7 von 12) der Fleisch- und 64% (7 von 11) der Wurstesser, keine Bereitschaft den jeweiligen Konsum einzuschränken.

Von den Befragten zwischen 51 und 65 Jahren, die sich vorstellen können, ihren Fleisch- bzw. Wurstkonsum zu verringern oder Vegetarier sind, haben alle (9 von 9) die Erhaltung oder Verbesserung der Gesundheit als einen Grund für eine mögliche Reduktion angegeben.

In allen Altersgruppen zählten die Gesundheit, die Ethik und die Ökologie zu den Hauptgründen.

Die jüngeren Altersgruppen kaufen Fleisch vorwiegend abgepackt im Discounter oder Supermarkt. Dies gaben 57% (16 von 28) der 18-35jährigen an.

3.2.2 Männer nach Schulabschlüssen unterteilt

Da nur eine männliche Person keine Angabe zu ihrem Schulabschluss gemacht hat, beziehen wir diese in unsere weiteren Ausführungen nicht mit ein.

Die größte Gruppe, die täglich oder fast täglich Fleisch verzehrt, ist die der Befragten mit Haupt-/Volksschulabschluss (67% - 4 von 6). Beim Wurstverzehr bestätigten sogar 100% der befragten männlichen Haupt-/Volksschulabsolventen täglich oder fast täglich Wurst zu essen.

Wenn man die Bereitschaft betrachtet, den Fleisch- und Wurstkonsum einzuschränken, ist diese von den Personen mit Abitur oder (Fach-) Hochschulabschluss höher als von den Befragten mit einem entsprechend niedrigerem Schulabschluss.

3.3   Frauen

Von den 70 befragten Frauen bestätigten 94% (66 von 70) Fleisch und 90% (63 von 70) Wurst zu konsumieren. 4% (3 von 70) sind Vegetarierinnen.

Gut die Hälfte der Fleischesserinnen (52% - 34 von 66) gab an, 1-2mal pro Woche Fleisch zu essen. 26% (17 von 66) essen jeden 2. Tag Fleisch und 14% (9 von 66) nehmen es täglich oder fast täglich zu sich. Bei der Verzehrhäufigkeit von Wurst ist jede mögliche Angabe ähnlich häufig genannt worden. 22% (14 von 63) essen 1-3mal pro Monat, 25% (16 von 63) 1-2mal pro Woche, 25% (16 von 63) jeden 2. Tag und 27% (17 von 63) verzehren täglich oder fast täglich Wurst.

54% (36 von 67) der befragten Frauen ernähren sich am häufigsten von Geflügelfleisch.

64% (42 von 66) wären dazu bereit ihre Ernährungsgewohnheiten zu ändern und weniger Fleisch zu essen. 63% (40 von 63) wollen den Wurstkonsum reduzieren.

Als Motive dafür wurden von 78% (36 von 46) gesundheitliche Gründe genannt. Sehr wichtig schienen den Befragten ebenfalls ökologische Gründe zu sein, da sie von 61% (28 von 46) genannt wurden. Auch ethische Beweggründe liegen mit 46% (21 von 46) sehr weit vorne.

Am häufigsten kaufen die befragten Frauen Fleisch und Wurst abgepackt im Discounter oder Supermarkt. Diese Angabe machten 37% (25 von 67). Im Supermarkt an der Theke erwerben 27% (18 von 67) ihr Fleisch und 15% (10 von 67) besuchen regelmäßig den Metzger.

3.3.1. Frauen nach Alter unterteilt

In diesem Teil wurde die Gruppe der über 65jährigen vernachlässigt, da sie nur aus vier Befragten bestand.

In jeder der Altersgruppen hat die Mehrzahl der Befragten angegeben am häufigsten Geflügelfleisch zu essen. Nur in der Gruppe der 51-65jährigen bestätigten die meisten, das heißt 41% (7 von 17), am häufigsten Schweinefleisch zu essen. Außerdem haben zwei Befragte dieser Gruppe unsere Antwortmöglichkeiten ergänzt und angegeben am häufigsten Wild zu essen (12% - 2 von 17).

In allen Altersgruppen zog die Mehrzahl der Befragten in Erwägung ihren Fleisch- und Wurstkonsum einzuschränken. Anders verhielt es sich bei den Befragten zwischen 18 und 25 Jahren. Dort zeigten nur 42% (10 von 24) Bereitschaft ihren Fleisch- und 43% (10 von 23) ihren Wurstkonsum zu minimieren. Somit kann sich die Mehrzahl eine Reduktion nicht vorstellen.

Auch bei der Angabe der Gründe für die Einschränkung des Verzehrs stach diese Altersgruppe heraus. Sie nannte als einzige mit 67% (8 von 12) am häufigsten ökologische Gründe. Für alle anderen erschienen gesundheitliche Gründe am wichtigsten. Aber auch ethische und ökologische Gründe wurden zahlreich benannt.

Die jüngeren Befragten von 18-25 Jahren kaufen insgesamt zu 88% (22 von 25) mehrheitlich abgepacktes Fleisch im Discounter oder frisches an der Theke im Supermarkt. Bei den 26-35jährigen sind es 82% (9 von 11). 40% (4 von 10) der 36-50jährigen erwerben ihr Fleisch beim Metzger und insgesamt 65% (11 von 17) der 51-65jährigen greifen auf den Metzger, den Markt oder den Bauern zurück.

3.3.2   Frauen nach Schulabschlüssen unterteilt

Da nur eine weibliche Umfrageteilnehmerin keine Angabe zu ihrem Schulabschluss gemacht hat, wird diese hier nicht mit einbezogen.

Auch die Gruppe der Befragten mit Fachhochschulreife war mit zwei Fleisch- und Wurstesserinnen und einer Vegetarierin sehr klein, sodass wir diese ebenfalls außer Acht lassen.

In allen Schulabschlusskategorien, abgesehen von der vernachlässigbaren Fachhochschulreife, kann sich die Mehrzahl der Frauen vorstellen ihren Fleisch- und Wurstkonsum einzuschränken. Von den Befragten mit (Fach-)Hochschulabschluss können sich dies sogar 87% (11 von 13) der Fleischesserinnen und 86% (10 von 12) der Wurstesserinnen vorstellen. Hauptgründe sind bei allen gesundheitlicher Natur, bei den Befragten mit (Fach-)Hochschulabschluss sogar zu 93% (13 von 14). Nur bei den Frauen mit Abitur hat die Mehrzahl 77% (13 von 17) angegeben sich eine Einschränkung aus ökologischen Gründen vorstellen zu können. Trotzdem möchte auch ein Großteil dieser Gruppe, das heißt 65% (11 von 17) aus gesundheitlichen Gründen handeln. Auch ethische Gründe sind bei allen Schulabschlussgruppen stark vertreten.

4.   Diskussion

Die Anzahl der Vegetarier in Deutschland hat sich innerhalb der letzten zwanzig Jahre verzehnfacht. Früher war der Vegetarier „ein Sonderling, ein Außenseiter der Gesellschaft" (Allmaier, 2010). Heute jedoch ist der Vegetarismus „in der Mitte unserer Gesellschaft

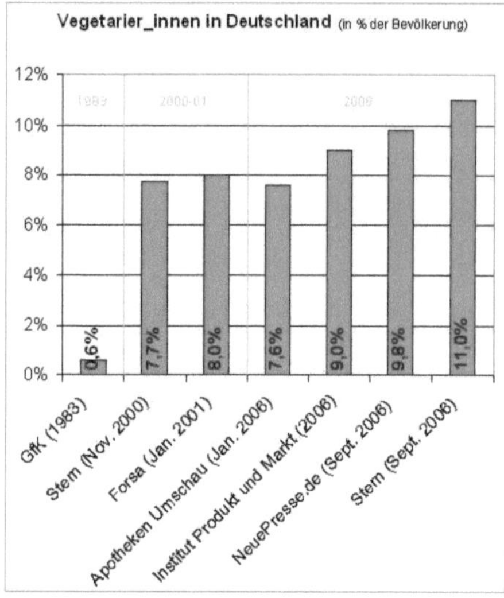

angekommen" (Allmaier, 2010). Es ernähren sich etwa 8% der deutschen Gesellschaft vegetarisch (vgl. Natürlich Vegetarisch 01/11).

In unserer Umfrage haben 4% angegeben Vegetarier zu sein. Laut DGE sollte man nicht mehr als 300-600g Fleisch und Wurst pro Woche essen. Tatsächlich aber nimmt jeder Deutsche 1,2kg Fleisch und Wurst pro Woche zu sich (vgl. Natürlich Vegetarisch 01/11).

Im Folgenden Text werden wir unsere Ergebnisse häufiger mit denen einer Umfrage vergleichen, die vom EMNID-Institut im Auftrag von Chrismon (ein evangelisches Monatsmagazin) durchgeführt wurde.

Die Häufigkeit des Fleischkonsums liegt in unserer Umfrage bei den Männern deutlich höher als bei den Frauen, wie in dem Diagramm „Fleischkonsum" abzulesen ist. Die Mehrheit der befragten

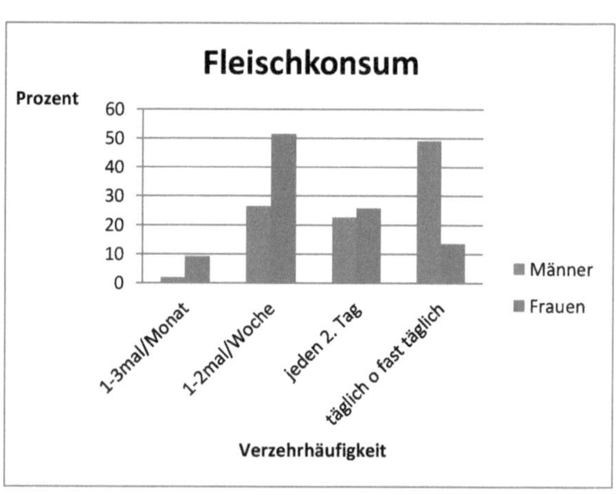

Frauen isst 1-2mal pro Woche Fleisch, wohingegen die meisten Männer täglich oder fast täglich Fleisch essen.

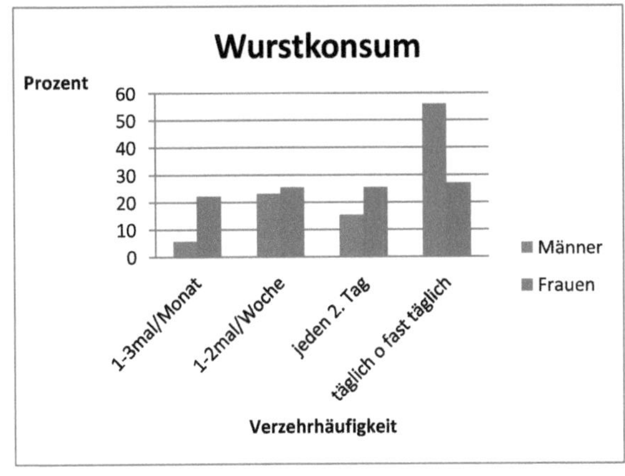

Auch bei dem Verzehr von Wurst gab der Großteil der Männer an, täglich oder fast täglich Wurst zu essen. Die Frauen haben bei jeder Antwortmöglichkeit sehr einheitliche Angaben gemacht. Es gibt mehr Frauen, die täglich oder fast täglich Wurst essen, als solche, die täglich oder fast täglich Fleisch

konsumieren.

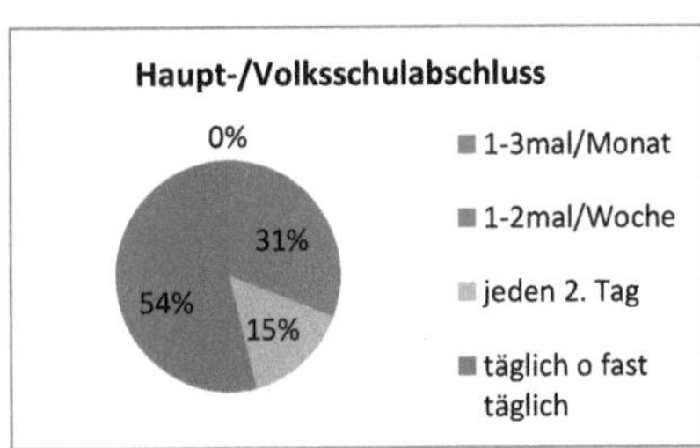

Bei der Unterteilung der Umfrageteilnehmer nach Schulabschlüssen fällt auf, dass die höher gebildeten Personen nicht so häufig Fleisch verzehren, wie die weniger gebildeten der Befragten.

Bei der Verzehrhäufigkeit von Wurst kann man diese Auffälligkeit allerdings nicht feststellen. Es ist zu vermuten, dass Wurst prinzipiell öfter gegessen wird als Fleisch, da es sich um ein kaltes Nahrungsmittel handelt, welches häufig als Brotbelag verwendet wird.

Als die meistverzehrte Fleischsorte kristallisierte sich in unserer Umfrage Geflügel heraus. Die Unterscheidung nach dem Fettgehalt, unterteilt zwischen Mager- (Huhn, Pute) und

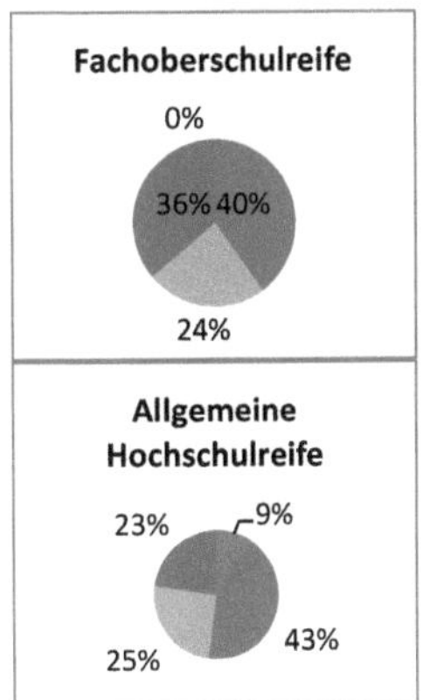

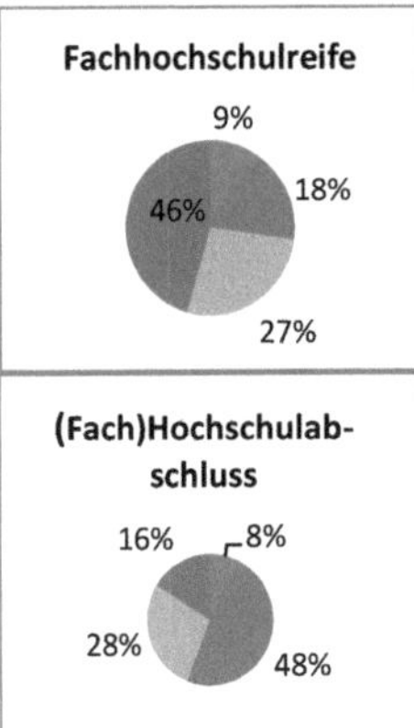

Fettgeflügel (Gans, Ente). Es ist anzunehmen, dass fast alle der Befragten, die angaben am häufigsten Geflügel zu essen, dabei das Magergeflügel meinten, da es in Deutschland alltäglicher gegessen wird als Gans oder Ente.

Im Vergleich zu Schwein und Rind hat Geflügel eine äußerst vorteilhafte Zusammensetzung von Inhaltsstoffen und gilt als gesünder.

Geflügelfleisch verfügt bei einer sehr geringen Fettmenge gleichzeitig über sehr hochwertiges Fett, da es von allen Fleischsorten die meisten ungesättigten Fettsäuren besitzt. „Wenn man vergleichbare Partien (z.B. Brust oder Schenkelmuskulatur) bewertet, so ist bei der Gegenüberstellung von Huhn, Rind und Schwein mit einem Fettverhältnis von 1 : 4 : 6 und einem Eiweißverhältnis von 1 : 0,9 : 0,7 zu rechnen" (Kallweit, A. et al., 1988).

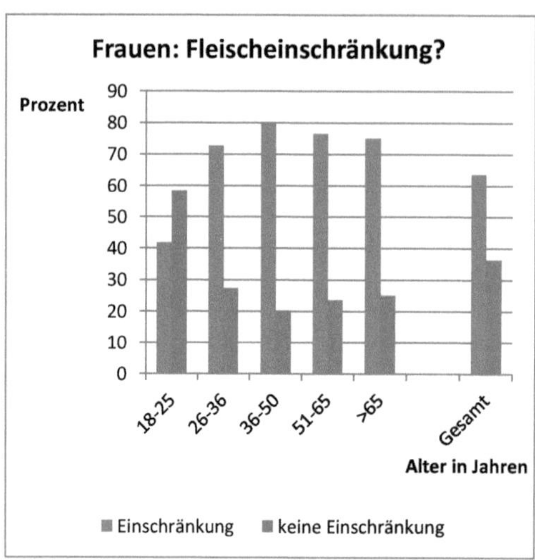

Frauen zeigen prinzipiell eine höhere Bereitschaft ihren Fleischkonsum zu verringern als Männer. Nur 36% der Frauen und 43% der befragten Männer möchten an ihrem bisherigen Fleischkonsum festhalten. Am Wurstkonsum nichts ändern möchten 37% der Frauen und sogar 50% der Männer. Die Männer würden also eher ihren Fleisch- als ihren Wurstverzehr einschränken. Unsere Ergebnisse decken sich an dieser Stelle in etwa mit denen der EMNID Umfrage. Laut dieser sind 51% der Männer und 39% der Frauen nicht bereit „ihr

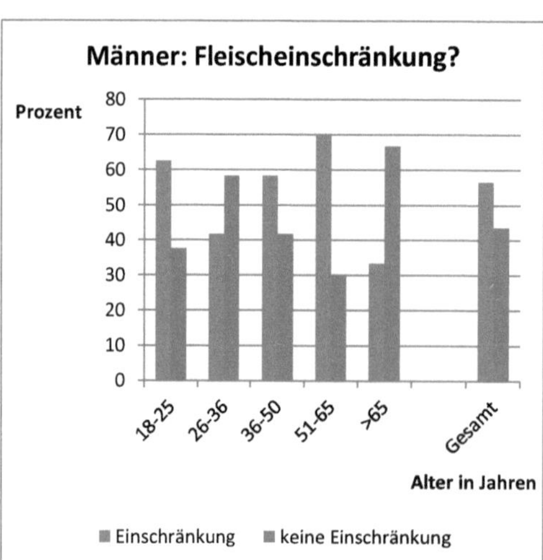

Essverhalten zu überdenken" (natürlich vegetarisch 01/11). Wenn man bei diesen Fragen die Antworten der einzelnen Altersstufen genauer betrachtet fällt auf, dass die jüngeren Befragten meist eine geringere Bereitschaft haben ihren Fleisch und Wurstkonsum einzuschränken als die Älteren. Von den befragten Frauen zwischen 18 und 25 Jahren würden nur 42% ihr Konsumverhalten von Fleisch- und 43% das von Wurst ändern. In den anderen Altersgruppen der Frauen sind es mindestens 65%, die in Erwägung ziehen weniger Fleisch und Wurst zu essen. Bei den befragten Männern sind es die zwischen 26 und 35 Jahren, die nur eine geringe Bereitwilligkeit zur Einschränkung von Fleisch und Wurst haben. Den Willen weniger Fleisch zu essen, haben in derselben Altersgruppe trotzdem 42%. Bei der Einschränkung von Wurst sind es nur 36%. Daran kann man wieder deutlich das generell niedrigere Einverständnis der Männer, den Wurstverzehr einzuschränken, erkennen.

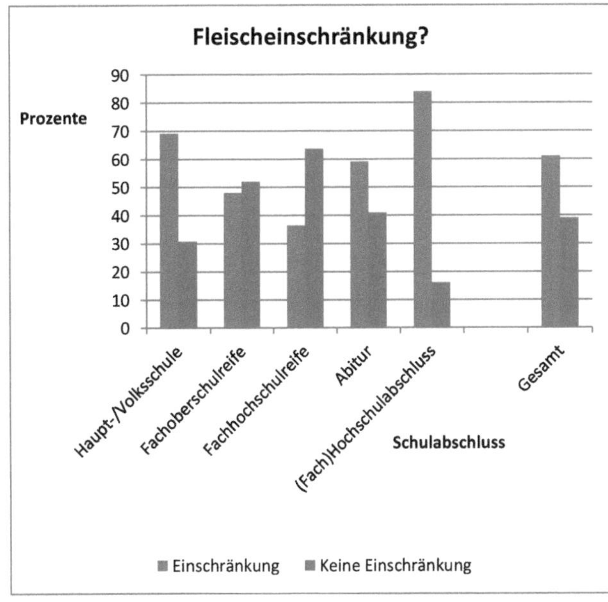

Die Umfrageteilnehmer mit (Fach-) Hochschulabschluss zeigen mit 84% und 83% die mit Abstand höchste Bereitschaft, den Verzehr von Fleisch und Wurst zu reduzieren. Von den Befragten mit Fachoberschulreife wollen 52% lieber an der Menge des Fleisch- und 58% an der Menge des Wurstkonsums festhalten, während es bei den Befragten mit Fachhochschulreife sogar 64% und 73% sind, die nichts an ihrem Konsumverhalten von Fleisch und Wurst ändern möchten. Die Umfrageteilnehmer mit Volks- oder Hauptschulabschluss und mit Abitur zeigen ein höheres Einverständnis was die Reduktion von Fleisch und Wurst im Speiseplan angeht, als die mit Fachoberschul- oder Fachhochschulreife. Die höher gebildete Personengruppe weist also die höchste Bereitschaft den Fleisch- und Wurstkonsum einzuschränken auf. Allerdings ist der Schulabschluss nicht bestimmend für die Bereitwilligkeit.

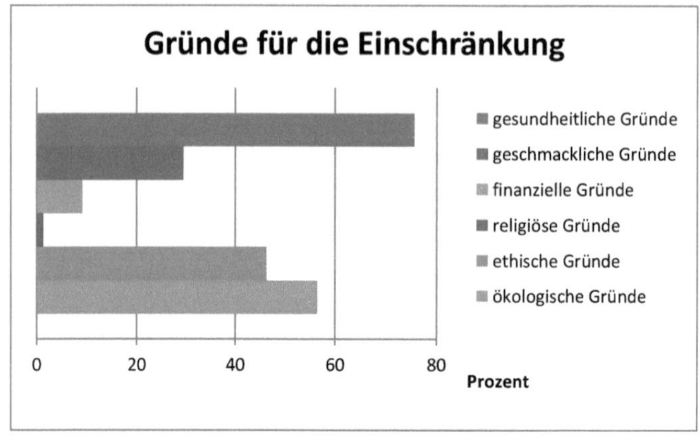

Am häufigsten in fast allen Alters- und Schulabschlussgruppen, egal ob männlich oder weiblich, wurde als Grund für die Einschränkung des Fleischverzehrs der gesundheitliche Aspekt aufgeführt. Insgesamt 76% gaben an aus gesundheitlichen Gründen den Konsum von Fleisch zu reduzieren. „Bevölkerungsstudien zeigen, dass eine Reihe chronischer Erkrankungen bei Vegetariern deutlich seltener vorkommt als im Bevölkerungsdurchschnitt" (Leitzmann / Keller, 2010). Frühere Studien beschäftigten sich nur mit dem potentiellen Risiko einer vegetarischen Ernährung, wie zum Besipiel einer Unterversorgung mit verschiedenen Nährstoffen. Allerdings ist aus den heutigen Studien herzuleiten, „dass eine günstig zusammengesetzte vegetarische Ernährungsweise als stärker gesundheitsfördernd und weniger gesundheitsgefährdend einzustufen ist als eine Ernährungsweise, die die üblichen Mengen an Fleisch und anderen tierischen Lebensmitteln enthält" (Leitzmann / Keller, 2010). Eine fleischfreie Ernährung senkt das Risiko an Übergewicht oder Adipositas, Ateriosklerose, Herz-Kreislauf Erkrankungen, Diabetes mellitus Typ 2, Hypertonie und sogar Krebs zu erkranken. Bei Vegetariern kommen diese Erkrankungen wesentlich seltener vor und sogar das „Erkrankungs- und Mortalitätsrisiko" (Leitzmann / Keller, 2010) an Krebs ist deutlich geringer im Vergleich zur Allgemeinbevölkerung.

Vor allem die über 50jährigen bedenken zu 95% den gesundheitlichen Aspekt bei der Reduktion des Fleischverzehrs.

Immerhin 30% der Befragten würden aus geschmacklichen Gründen ihren Fleischkonsum einschränken oder darauf verzichten. Die Personen, die ihre Motivation daraus herleiten, werden in der Literatur auch als „emotionale Vegetarier" (Mitte, 2010) beschrieben, weil sie Fleisch als abstoßend empfinden.

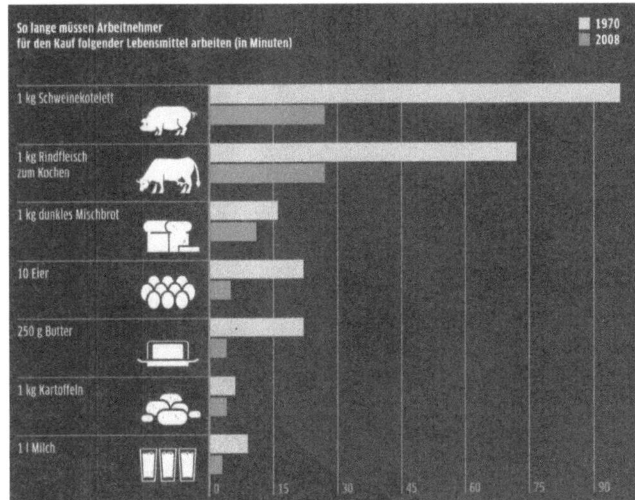

Finanzielle Gründe gaben nur 9% der Befragten an. Diese Zahl ist so gering, da die Entwicklung der Massentierhaltung günstiges Fleisch als Massenware möglich macht. Vor 40 Jahren musste ein Deutscher noch mehr als eineinhalb Stunden arbeiten, um sich ein Kilogramm Schweinekotelett leisten zu können. Heute ist es nicht einmal mehr eine halbe Stunde. Allgemein ist der Preis für Lebensmittel in Deutschland in den letzten Jahrzehnten enorm gesunken und hat immer weniger Anteil an den Gesamtausgaben von Privathaushalten. 1900 mussten Privathaushalte noch über 50% ihrer Gesamtausgaben für Lebensmittel ausgeben, heute sind es nur noch etwas mehr als 10% (vgl. greenpeace magazin 4.10). Daher können sich fast alle Familie mehrmals pro Woche Fleisch, Wurst und Wurstwaren leisten. „Eine vierköpfige Familie verbraucht im Jahr zwei Schweine, 54 Hühner und ein Viertel Kalb" (Bonstein, 2010). In der EMNID-Umfrage haben 11% angegeben weniger Fleisch zu essen, um Geld zu sparen, was äquivalent zu unserem Umfrageergebnis ist.

Nur 1% der Befragten signalisierten, aus religiösen Gründen den Fleischverzehr reduzieren oder darauf verzichten zu wollen. Bei den Hinduisten und Buddhisten ist der Verzehr von Rindfleisch tabu, weil die Kuh dort als heilig gilt. Im Islam und Judentum dagegen ist Schweinefleisch verboten. Wir führen die seltene Angabe des Grundes in unserer Umfrage darauf zurück, dass eine Person in der Regel mit seiner Religion aufwächst und eher wenige im Laufe ihres Lebens zu einer anderen Religion konvertieren. Mit geschätzt etwa 3,77 Millionen Hinduisten, Buddhisten, Juden und Muslimen in Deutschland (vgl. www.remid.de) machen sie nur etwa einen Bevölkerungsanteil von weniger als 5% aus. Dieses Ergebnis deckt sich mit dem der EMNID Umfrage, bei der ebenfalls 1% der Befragten angegeben haben, aus religiösen Gründen weniger Fleisch zu essen.

Ethische Gründe wurden von 46% der Umfrageteilnehmer angegeben. Dazu gehört die qualvolle und unnatürliche Haltung auf viel zu engem Raum. „Für konventionelle Masthühner gilt in Deutschland in Stalleinrichtungen eine Besatzdichte von bis zu 13 Tieren pro Quadratmeter, bei einem maximalen Lebendgewicht von 27,5 Kilo pro Quadratmeter" (Schäfer / Zösch, 2010). Mastschweine haben bei einem Gewicht von 30-50kg eine räumliche Nutzfläche von mindestens 0,5m², bei 50-110kg sind es 0,75m² und bei über 110kg 1m². Auch die sogenannten

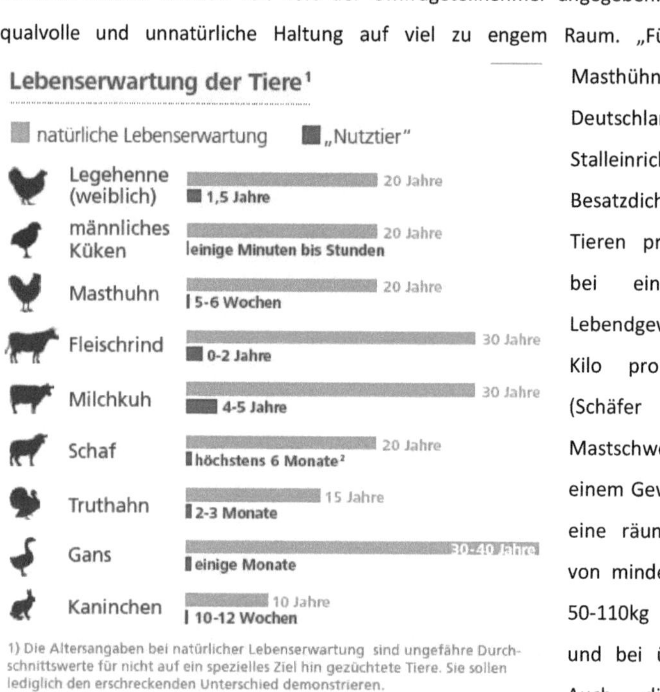

Abferkelbuchten sind in Deutschland so klein, „dass sich die Sauen nicht drehen und kaum andere natürliche Bewegungen ausführen können" (Schäfer / Zösch, 2010). Die Tiere haben ein drastisch verkürztes Leben und werden so gezüchtet, dass sie so viel Fleisch wie möglich produzieren. Legehennen werden ebenfalls so auf Höchstleistung getrimmt, dass sie fast jeden Tag ein Ei legen. Normalerweise würde eine Henne nur so viele Eier legen bis ihr Gelege voll ist. Die maximale Eierproduktion wird erreicht, indem künstliche Beleuchtung und Dunkelheit eingesetzt wird, die den Hennen suggeriert es sei Frühling. Dieser stellt die

Jahreszeit mit der höchsten Eiproduktion einer Henne dar (vgl. www.was-wir-essen.de). Die Schlachtung der Tiere wird meist so schnell durchgeführt, dass eine ordnungsgemäße Betäubung nicht gewährleistet und kontrolliert werden kann. Viele Menschen finden Anstoß daran, dass die Tiere in Massentierhaltungsbetrieben verstümmelt werden. Dies geschieht fast ausschließlich ohne vorherige Betäubung. „Bei etwa 79 Prozent der Ferkel in Deutschland werden [...] die Schwänze [gekürzt]" (Schäfer / Zösch, 2010). Auch das Abschleifen der Eckzähne bei Ferkeln, die Kastration von Rindern, Schafen und Ziegen und die Enthornung von Rindern ist bis zu einem gewissen Alter der Tiere ohne Betäubung völlig legal. Bei einem Transport von Tieren innerhalb Deutschlands zum Schlachthof ist gesetzlich geregelt, dass dieser nicht länger als acht Stunden dauern darf. „Dem Transportbetreiber ist es jedoch möglich, eine Sondergenehmigung für längere Transporte einzuholen" (Schäfer / Zösch, 2010), wenn er bestimmte Bedingungen, wie zum Beispiel Pausen mit Tränkung und Fütterung einhält.

Die ökologischen Gründe sind vielfältig und rücken immer mehr in den Mittelpunkt vieler Diskussionen. Auch 56% der Befragten haben sich für Fleischeinschränkung aus ökologischen Aspekten ausgesprochen. Die Herstellung von Fleisch und anderen tierischen Produkten produziert wesentlich mehr Treibhausgase als pflanzliche Produkte. Die Massentierhaltungsbetriebe auf der ganzen Welt produzieren mehr Mist und Gülle als als Dünger genutzt werden kann, sodass es in riesigen Silos und Lagunen gelagert werden muss, die

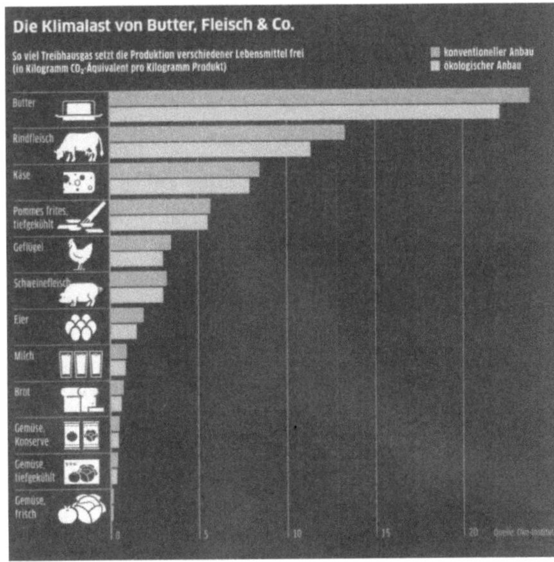

meist „ein Fassungsvermögen von 1 500 000 Litern" (Schäfer / Zösch, 2010) haben. Es gibt aber auch durchaus Güllesilos, die ein Fassungsvermögen von 20 Millionen Litern haben. Die riesigen Güllemengen führen zu einer Verseuchung des Grundwassers, was wiederum eine gesundheitliche Gefahr für uns Menschen bedeutet. Der „Fleischkonsum ist einer der

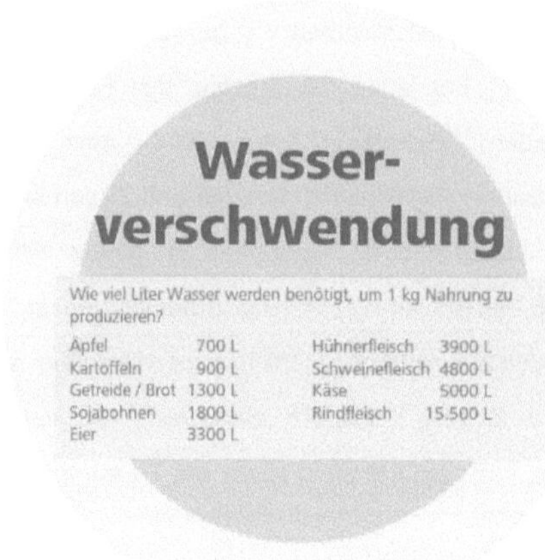

Hauptfaktoren für die Erderwärmung. Eine Umweltorganisation hat […] eine Studie veröffentlicht, nach der jeder Burger bei McDonald's, der den Hersteller 50 Cent kostet, Umweltkosten in Höhe von 200 Dollar verursacht" (Foer, 2010). „Laut einer Studie des Washingtoner Worldwatch Institute gehen rund 50 Prozent der weltweiten Treibhausgas-Emissionen auf das Konto der Viehhaltung" (Allmaier, 2010). Um ein Kilogramm Fleisch zu erzeugen, müssen sieben Kilogramm Getreide verfüttert werden und je nach Tier sogar schätzungsweise bis zu 15.000 Liter Wasser verbraucht werden. Ein Großteil der Futtermittel werden aus Entwicklungsländern importiert in denen Hunger herrscht. Von der weltweiten Getreideernte wird etwa ein Drittel zu Tierfutter verarbeitet (vgl. Bonstein, 2010). Für Acker- und Weideflächen werden Teile des Regenwaldes abgeholzt, was zu einer verminderten Aufnahme von CO_2 und damit zu einer Zuspitzung des Treibhauseffekts führt.

Wir haben die Teilnehmer danach gefragt, durch was sie Fleisch in ihren Mahlzeiten ersetzen würden. 13% der Befragten gaben dabei, zusätzlich zu unseren vorgegebenen Möglichkeiten, als Antwort „Ersatzprodukte" an, wie etwa Tofu und ähnliches. Daran kann man erkennen, dass diese Produkte durchaus auch bei Nicht-Vegetariern bekannt und als Fleischersatz akzeptiert sind.

Auffallend bei der Wahl des Einkaufsortes für Fleisch und Fleischprodukte ist, dass überwiegend die jüngeren Befragten zwischen 18 und 35 Jahren abgepacktes Fleisch und Wurst im Discounter kaufen. Die älteren zwischen 36 und 65 Jahren dagegen kaufen überwiegend beim Metzger oder im Supermarkt an der Theke ein. Zu vermuten ist, dass

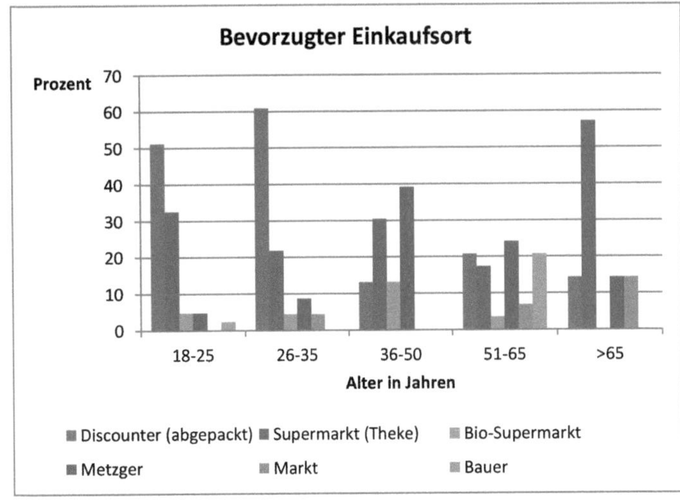

viele der jüngeren Befragten die Zeiten nicht mehr kennen, in denen es bei den Discountern kein frisches Fleisch zu kaufen gab. Aldi und Lidl führten den Verkauf von Frischfleisch erst im Jahr 2003 ein (vgl. www.manager-magazin.de). Dementsprechend könnten ältere Verbraucher diesem Kaufverhalten etwas skeptisch gegenüber stehen und bei ihren alten Gewohnheiten geblieben sein, Fleisch an der Theke, beim Metzger, auf dem Wochenmarkt oder beim Bauern zu erwerben. Außerdem befinden sich die jüngeren Altersgruppen meist noch am Anfang ihres beruflichen Lebens und verfügen über weniger finanzielle Mittel, sodass sie sich das teurere Fleisch seltener leisten als das abgepackte, kostengünstigere vom Discounter. Die 51-65jährigen kaufen Fleisch häufig direkt beim Erzeuger, dem Bauern.

4.1. Reflexion des Fragebogens

Das Hauptziel unserer Umfrage bestand darin, zu erfahren, wie viel Fleisch und Wurst die Münsteraner in der Regel zu sich nehmen. Darüber hinaus wollten wir ermitteln, welche Gründe sie veranlassen und bewegen könnten, ihren Fleischkonsum zu reduzieren. Bei der Auswertung der Ergebnisse wurde uns deutlich, dass die von uns gewählten Fragestellungen zu insgesamt aussagekräftigen und verwertbaren Erkenntnissen geführt haben.

Bei einer weiteren Umfrage würden wir auf die Teilfragen 2b und 9b verzichten. Die Frage 2b „Gibt es Fleischsorten, die sie gar nicht verzehren?" hat sich als wenig sinnvoll erwiesen, weil schon beim Stellen der Frage vielen Befragten spontan nichts eingefallen ist. Sie haben oft mit „nein" geantwortet, ohne nochmals genauer über die Fragestellung nachzudenken. Trotzdem hatten wir am Ende ein breites Spektrum von Antworten, die nicht nur konkrete Tiere, sondern auch Tiergruppen und Körperteile beinhalteten oder sich auf den Fettanteil im Fleisch bezogen. Da es jeweils nur wenige Zustimmungen pro Antwort gab, erschienen diese Ergebnisse als nicht sehr repräsentativ.

Auch die Frage 9b „Welchen Beruf üben Sie aus / haben Sie ausgeübt?" konnten wir in unsere Auswertung nicht mit einbeziehen. Hier wurden sehr viele verschiedene Berufe angegeben, die wir am Ende nicht zu übergreifenden Berufsgruppen zusammenfassen konnten. Im Nachhinein erscheint es uns sinnvoller, die Frage nach der beruflichen Tätigkeit durch Auswahlkriterien zu ersetzen, die entweder nach Berufsfeldern oder nach dem Status „Beamter", „Angestellter" oder „Selbständiger" differenziert sind.

In den Fragen 3a „Könnten Sie sich vorstellen weniger Fleisch zu essen?" und 3b „Könnten Sie sich vorstellen weniger Wurst zu essen?" haben wir die Antwortmöglichkeit „Ja und zwar bei(m)…" angegeben. Dabei dachten wir an die verschiedenen Mahlzeiten, die der Mensch im Laufe eines Tages zu sich nimmt.

Schon zu Beginn der Umfrage konstatierten wir, dass die meisten Probanden Wurst bei kalten Mahlzeiten wie Frühstück und Abendbrot und Fleisch bei warmen Mahlzeiten wie Mittagessen oder wahlweise zum Abendessen verzehrten. Wir hielten diese Präzisierung der Antwort nicht mehr für sinnvoll, da sie im Rahmen der Auswertung nichts Besonderes aufzeigen konnte. Deshalb entschieden wir uns, sie bei der weiteren Befragung nicht mehr zu nennen.

4.2   Reflexion der Umfrage

Wir man unseren Umfrageergebnissen entnehmen kann, haben wir das Ziel verfolgt, ein breites Spektrum an Menschen zu interviewen. Allerdings zeigt das Resümee, dass wir im Verhältnis mehr weibliche Personen zwischen 18 und 25 Jahren und mehr Personen mit Abitur befragt haben, als andere Untergruppen. Im Alter über 65 Jahren haben wir hingegen nur sehr wenige befragt. Dadurch büßt die Untersuchung ein Stück Repräsentanz ein.

Zur Erhöhung dieser hätten wir uns besser vorher vorgenommen, eine genaue Anzahl an Personen in den bestimmten Altersgruppen zu befragen, z.B. jeweils 15 von jedem

Geschlecht in jeder Altersgruppe. Dann hätten wir insgesamt 150 Personen befragen können, 75 Männer und 75 Frauen. Das hätte vergleichbarere Werte ergeben und jede Gruppe wäre gleich stark repräsentiert gewesen.

Generell wäre aus unserer Sicht die Umfrage aussagekräftiger und repräsentativer, wenn wir deutlich mehr Personen befragt hätten.

5.   Fazit

Im Rahmen unserer Hausarbeit haben wir uns viel mit dem Thema Fleischkonsum auseinandergesetzt. Erst dadurch wurde uns bewusst, wie groß das Ausmaß der Konsequenzen von Massentierhaltung und andauernd hohem Fleischkonsum ist.

Ethische, geschmackliche, religiöse und gesundheitliche Aspekte betreffen immer nur das einzelne Individuum. Ökologische Aspekte jedoch betreffen die ganze Welt. Dass Massentierhaltung solch gravierende ökologische Auswirkungen hat, war uns vor dieser Arbeit nicht bewusst. In der Öffentlichkeit wird dieses Thema nur sehr wenig und vereinzelt aufgegriffen, auch wenn in den letzten Monaten die Diskussionen zugenommen haben. Einen Anstoß dazu gab sicherlich auch das Buch „Tiere essen" von Jonathan Safran Foer, welches sich auch in Deutschland so gut verkauft hat, dass es zu den Bestsellern gehört.

Vor diesem Hintergrund wurde in Bremen, Schweinfurt und Wiesbaden bereits ein „Veggietag" pro Woche eingeführt. Auch in weiteren Städten laufen schon Vorbereitungen zur Einführung. An diesen Tagen werden in Gemeinschaftsverpflegungsstätten, wie Mensen oder Kindertagesstätten, aber auch in anderen gastronomischen Betrieben, vermehrt fleischfreie Gerichte angeboten. So werden viele auf das Thema aufmerksam gemacht und den Menschen wird ein bewussterer Umgang mit Fleisch näher gebracht.

Auch wir wurden durch das Befassen mit dem Thema für einen besseren Umgang mit Fleisch sensibilisiert. Wir achten bei unserem Einkauf vermehrt darauf, woher die Produkte kommen und wie sie hergestellt wurden.

Nina ernährt sich schon seit mehreren Jahren fast vegetarisch. Die Motivation dafür war sowohl ethischer als auch geschmacklicher Herkunft. Heute bezeichnet sie sich als richtige Vegetarierin und schließt auch eine vegane Ernährung für sich nicht mehr so konsequent aus wie vorher.

Elena isst selten, aber gerne Fleisch und wird es auch weiterhin tun. Sie achtet jetzt jedoch vermehrt darauf „BIO-Fleisch" und andere tierische „BIO-Produkte" zu kaufen. Ihr Fleischkonsum beschränkt sich auf höchstens zwei Mal in der Woche.

WIE VEGETARISCH IS(S)T MÜNSTER?

Umfrage in Münster:

Ermittlung der Häufigkeit von Fleisch- und Wurstverzehr, Bereitschaft zur Einschränkung des Fleisch- und Wurstkonsums → aus welchen Gründen?

Ernährungsempfehlung:

max. 300-600g Fleisch und Wurst pro Woche

Realität: jeder Deutsche isst durchschnittlich 1,2kg Fleisch und Wurst pro Woche

Übermäßiger Fleischverzehr begünstigt: Arteriosklerose, Übergewicht, Herz-Kreislauf Erkrankungen, Bluthochdruck, Diabetes

Massentierhaltung:

ermöglicht Fleisch als günstige Massenware

Arbeitszeit für 1kg Schweinekotelett: vor 40 Jahren → 1,5 Stunden; heute → 30 Minuten

Ethische Gründe:

- sehr kurze Lebensdauer der Tiere
- Tiere werden verstümmelt
- Transport zum Schlachthof: bis zu acht Stunden

Ökologische Gründe:

- hoher Treibhausgasausstoß
- hohe Gülleproduktion, die das Grundwasser verseucht
- fördert die Erderwärmung
- Abholzung des Regenwaldes für Acker- und Weideflächen
- hoher Wasserverbrauch

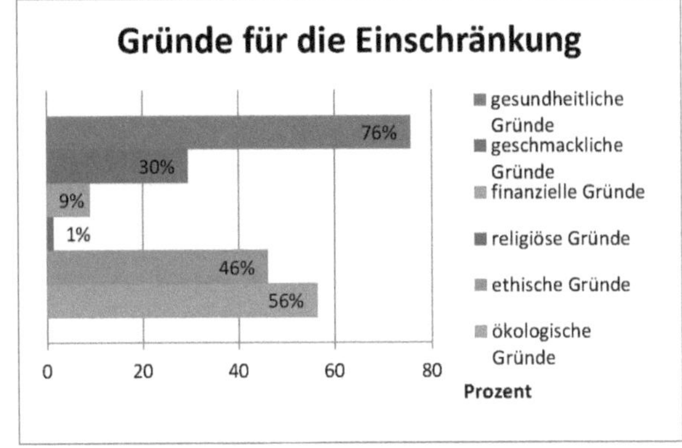

7.   Literaturverzeichnis

- Foer, Jonathan Safran (2010). Tiere essen, 5. Auflage. Köln: Verlag Kiepenheuer & Witsch GmbH & Co. KG, S. 9; S. 89f.
- Kallweit, A. et al. (1988): Qualität tierischer Nahrungsmittel, 1. Auflage. Stuttgart: Eugen Ulmer GmbH & Co., S. 156
- Keller, Markus (2010). Übergewicht und Adipositas. natürlich vegetarisch 03/10 Sommer 2010, S. 16f., ISSN 1437-0735
- Leitzmann, Claus / Hahn, Andreas (1998). Vegetarische Ernährung – Gesund und bewusst essen, 1.Auflage. Stuttgart: Georg Thieme Verlag
- Leitzmann, Claus / Keller, Markus (2010): Vegetarische Ernährung, 2. Auflage. Stuttgart: Verlag Eugen Ulmer KG, S. 90-93; S. 153
- Rimbach, Gerald / Möhring, Jennifer / Erbersdobler, Helmut F. (2010): Lebensmittel-Warenkunde für Einsteiger, 1. Auflage. Heidelberg: Springer-Verlag Berlin, S. 65; S.67
- Schäfer, Dominik / Zösch, Sebastian (2010): Zur Sachlage in Deutschland: eine Übersicht. In: Foer, Jonathan Safran: Tiere Essen, 5. Auflage. Köln: Verlag Kiepenheuer & Witsch GmbH & Co. KG, S. 379; 383; 389-391

Zeitschriften/Zeitungen:

- Allmaier, Michael (2010). Feuilleton. Die Zeit 12.08.2010 No.33. Hamburg: Zeitverlag Gerd Bucerius GmbH & Co. KG, S.41f.
- Bonstein, Katja (2010). Da kann einem ja der Appetit vergehen. Dein Spiegel 10/2010, S.10-15, ISSN 1868-7334
- Busse, Tanja (2010). Der Vegetarier-Boom. Greenpeace Magazin 4.10, S. 6ff., ISSN 1611-3462
- Greenpeace Magazin 4.10, S. 40, ISSN 1611-3462
- natürlich vegetarisch 01/11 Winter 2010/2011, S.4, ISSN 1437-0735
- Nündel, Katja (2010). Krieg gegen Tiere. Greenpeace Magazin 4.10, S. 76f., ISSN 1611-3462

Internetquellen:

- EMNID-Umfrage zum Fleischkonsum (pdf-Datei siehe CD)
- http://lehrerfortbildung-bw.de/kompetenzen/projektkompetenz/methoden_a_z/umfrage/durchfuehrg.htm (Aufruf 12.02.2011)
- http://vebu.de/attachments/folgen_fleischkonsums.pdf (Aufruf 28.02.2011)
- http://was-wir-essen.de/abisz/eier_erzeugung_lebensrhythmus.php (Aufruf: 28.02.2011)
- http://www.dge.de/modules.php?name=Content&pa=showpage&pid=15 (Aufruf 13.02.2011)
- http://www.donnerstag-veggietag.de/hintergrund/klima.html (Aufruf 13.02.2011)
- http://www.manager-magazin.de/unternehmen/artikel/0,2828,258507,00.html (Aufruf 01.03.2011)
- http://www.planet-wissen.de/alltag_gesundheit/essen/fleisch/fleisch_religion.jsp (Aufruf 28.02.2011)
- http://www.remid.de/index.php?text=info_zahlen_grafik (Aufruf 28.02.2011)
- http://www.rp-online.de/gesundheit/news/Es-faellt-nicht-leicht-kein-Fleisch-zu-essen_aid_905341.html (Aufruf 13.02.2011)
- http://www.umweltlexikon-online.de/RUBernaehrunglebensmittel/Vegetarier.php (Aufruf 23.02.2011)
- http://www.vebu.de/attachments/VEBU_Tierschutz_Broschuere.pdf (Aufruf 17.02.2011)
- http://www.was-wir-essen.de/abisz/fleisch.php (Aufruf 12.02.11)
- http://www.wpgs.de/content/view/377/336/ (Aufruf 12.02.2011)

8.   Grafikverzeichnis